Mehdi BOUDOUH
Brahim Elkhalil Hachi

# Rumo a uma nova tecnologia de manuseamento altamente eficiente

**Mehdi BOUDOUH**
**Brahim Elkhalil Hachi**

# Rumo a uma nova tecnologia de manuseamento altamente eficiente

### Eficiência-Desempenho-Segurança

**ScienciaScripts**

# **RESUMO**

Os empilhadores são frequentemente utilizados para operações de movimentação, armazenagem, empilhamento e desempilhamento. Para tal, o sector industrial que utiliza este tipo de máquina exige um certo número de condições, entre as quais a segurança, o desempenho (potência e capacidade), a fiabilidade, a disponibilidade, o conforto, o preço e a estética. Neste trabalho, tentámos propor e verificar algumas técnicas com o objetivo de pesquisar e selecionar as normas aplicáveis aos empilhadores para garantir o seu bom estado, a sua utilização correcta e a identificação dos riscos associados à utilização destas máquinas.

# ÍNDICE

# INTRODUÇÃO GERAL

Os empilhadores autopropulsores - tantos tipos diferentes de equipamento de empilhamento e manuseamento - tornaram-se uma caraterística regular da paisagem industrial e comercial. São poucos os locais onde não dão o seu contributo. Ao contrário das instalações fixas, uma solução "trolley" permite repartir os custos de investimento ao longo do tempo e adaptar-se facilmente às numerosas alterações do processo de fabrico, das máquinas de produção, das características dos produtos, das embalagens e dos horários de trabalho. Permite reservar o financiamento para outros investimentos essenciais. Permite igualmente fazer face aos picos de atividade e compensar as avarias e outros imprevistos [1]. Neste trabalho, somos motivados por um objetivo fixado pela empresa alemã, especializada no fabrico de equipamentos de movimentação e empilhamento (a única do seu género na Argélia). Este objetivo consiste em desenvolver e melhorar a cabina da máquina de 7 toneladas para lhe dar mais conforto, estética, segurança e ergonomia, respeitando a relação qualidade/preço.Esta dissertação está dividida em três capítulos. O primeiro capítulo apresenta definições de movimentação e empilhamento, quer manual quer mecanizado. O segundo capítulo é dedicado ao estudo de um aspeto específico da movimentação e do empilhamento: o empilhador. Finalmente, o terceiro capítulo apresenta um estudo tecnológico destinado a melhorar a cabina do condutor em termos de estética, segurança, ergonomia e relação qualidade/preço. Este trabalho termina com uma conclusão geral.

# CAPÍTULO I
# MANUSEAMENTO E EMPILHAMENTO

## I.1. Introdução

A movimentação refere-se ao transporte ou apoio de uma carga que exige esforço físico de uma ou mais pessoas. Este esforço pode ser efectuado para levantar, colocar, empurrar, puxar, transportar ou deslocar a carga. Em algumas cadeias de gestão logística, nomeadamente nos sectores de produção com grande intensidade de mão de obra, a movimentação de materiais é de importância vital. Permite a elevação ou a deslocação de mercadorias pesadas. Nas pequenas e médias empresas, a gestão da movimentação é geralmente confiada a uma única pessoa. Este grupo de pessoas é responsável pela melhoria do desempenho da empresa, actuando diretamente sobre a disposição das máquinas, a organização dos postos de trabalho e a otimização dos tempos de movimentação [2]. O objetivo de todas as empresas é fornecer os meios e os equipamentos necessários para que a movimentação seja efectuada com toda a segurança.

Atualmente, a manipulação refere-se a qualquer operação: [3]

- transportar ou suportar uma carga, incluindo a elevação,

- instalação,

- impulso,

- tração,

- vestir ou deslocar

## I.2. definição de manuseamento

A movimentação é o movimento de mercadorias, produtos industriais ou cargas numa distância curta, ver Figura I.1 [4].

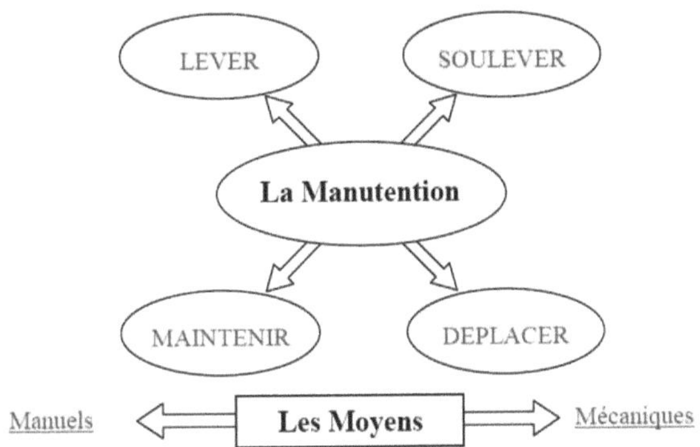



**Figura I.1: apresentação do tratamento e das suas médias**

## I.3. tipos de tratamento

Existem dois tipos de manuseamento necessários: manual e mecânico. [5]

### I.3.1. Manuseamento manual

### I.3.1.1. Definição

A movimentação manual é qualquer operação de transporte ou de suporte de uma carga, incluindo levantar, colocar, empurrar, puxar, carregar ou deslocar, que exija o esforço físico de um ou mais trabalhadores.

## I.3.1.2. Métodos de movimentação manual

A movimentação manual exige o esforço físico de uma ou mais pessoas e, devido às suas características ou às condições em que é efectuada, pode implicar riscos para a saúde e segurança dos trabalhadores. Todos os anos, milhares de pessoas são afectadas de forma permanente por estas doenças profissionais ou por um acidente de trabalho. Certos sectores são particularmente afectados, como a construção e as obras públicas, a logística, a metalurgia, a grande distribuição, o sector agroalimentar e os transportes. [Ao movimentar cargas, o esforço físico exigido ao nosso corpo exerce pressão sobre a coluna vertebral, as articulações e os músculos, e aumenta a atividade cardíaca. Estes esforços não são isentos de consequências para o organismo e podem causar patologias específicas e dolorosas, nomeadamente perturbações músculo-esqueléticas (LME). Trata-se de lesões das zonas periarticulares e de todos os segmentos do corpo. Estão mais frequentemente ligadas a movimentos incorrectos na movimentação de cargas, a postos de trabalho mal adaptados e à execução de tarefas repetitivas com baixas amplitudes. [7]

## A. OS LEVANTADORES

Trata-se de barras longas e rígidas destinadas a deslocar, suportar ou elevar outros corpos.

### ► Alavancas de rolos

Muitas vezes utilizado simultaneamente em diferentes pontos da carga para efetuar uma deslocação. Ver Figura I.2.1.

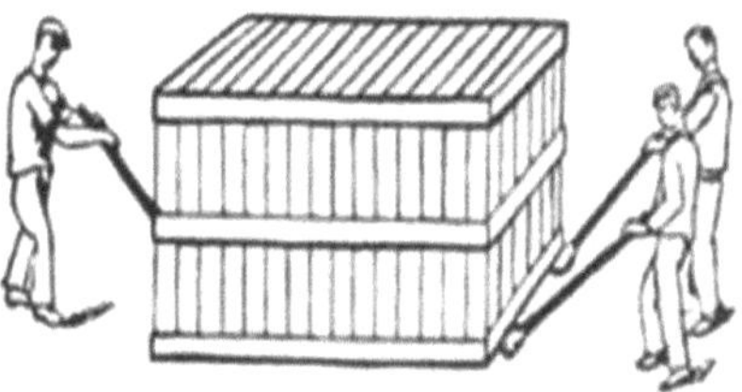

**Figura I.2.1: Alavancas de rolos**

## ▶ Pegas de alavanca

Este tipo de alavanca de rolos tem um suporte de aço deslizante que se apoia no solo, mantendo a alavanca na sua posição horizontal para levantar a carga, ver Figura I.2.2.

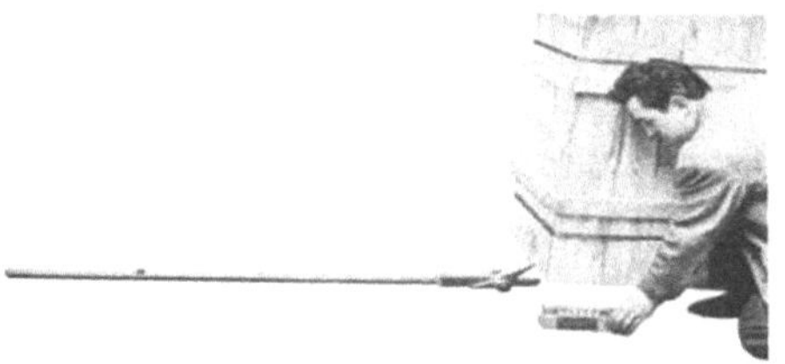

**Figura I.2.2: Alavancas com muleta**

As especificações técnicas são :

Altura de elevação ;altura baixa : 125 mm, Distância de deslocação : numa distância curta, Capacidade de elevação : 500 kg a 1 000 kg

## B. A CRÍTICA

Estes dispositivos destinam-se a elevar cargas, reduzindo o esforço necessário para as manobrar. Em função do princípio de alavanca utilizado, estes dispositivos dividem-se em dois grupos:

### ❖ Equipamentos de cremalheira ou de engrenagem

São constituídos por uma cremalheira accionada por um pinhão. Uma manivela é utilizada para elevar o conjunto da cremalheira de suporte de carga. Uma lingueta é utilizada para manter a posição. (Ver figura I.3.1).

### ❖ Equipamento hidráulico

Estes macacos muito potentes podem levantar cargas muito grandes. O operador ativa a bomba hidráulica para levantar a carga. (Ver Figura I.3.2).

**Figura I.3.1: Macacos de pinhão e cremalheira**

**Figura I.3.2: Macacos hidráulicos**

As especificações técnicas são as seguintes Altura de elevação: de 150 mm a 1 metro, Distância de deslocação: numa distância curta, Capacidade de elevação até 20 toneladas (engrenagens)1 a 100 toneladas (hidráulico)

## C. LES CHANDELLES

As escoras de cunha são utilizadas para suportar cargas de forma segura e são normalmente feitas de metal. Existem três tipos (ver Figura I.4.a, b, c):

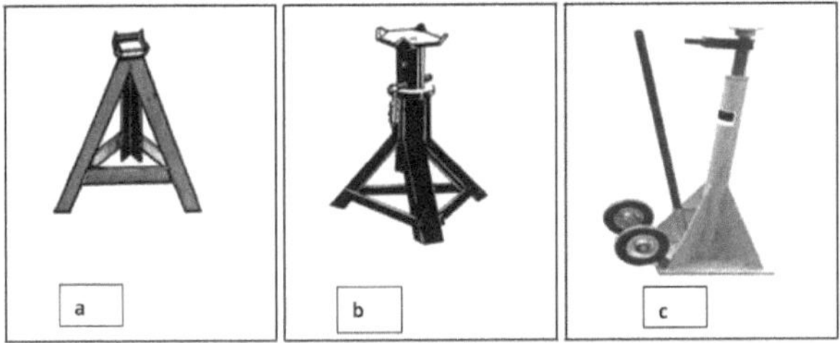

**FiguraI.4:Suportes,a):Altura fixa,b):Altura regulável,c):Altura regulável**

As especificações técnicas são :

Suporte sólido; altura: 300 mm a 2 metros, capacidade: 2 a 20 toneladas

## D.OS ROLLERS

Estas máquinas muito robustas são utilizadas para deslocar grandes cargas por rolamento. São constituídas por uma estrutura metálica robusta assente em rolos, ver Figura I.5.

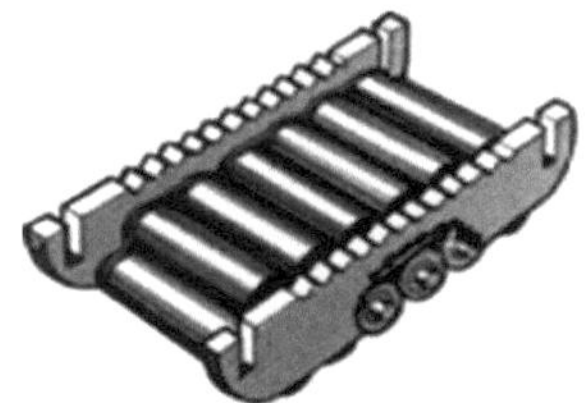

**Figura I.5: Rolo de manuseamento**

**Nota**: Os rolos devem apontar na direção em que a carga se desloca. Podem ser rodados para facilitar o manuseamento.

A sua função é movimentar cargas médias e pesadas. Capacidade de 500 kg a 80 toneladas.

## E. Porta-paletes manuais

Podem ser utilizados para levantar e deslocar cargas em distâncias médias, ver Figura I.6.

**Figura I.6: Porta-paletes manual**

Para utilização apenas em terrenos planos ou com um declive inferior a 2%

Carga máxima movida: 600 kg para um homem solteiro, 360 kg para uma mulher solteira

## F. MOTORES MANUAIS

Permitem a elevação de cargas numa vasta gama, mas requerem um meio de fixação (anéis de elevação, lingas, etc.), ver Figura I.7.

**Figura I.7: Guincho de corrente**

Altura de elevação: altura máxima: 3 metros. Capacidade: 500 kg a 2 toneladas (acionado por corrente) , 750 kg a 6 toneladas (acionado por alavanca)

## G. GRUAS PARA OFICINAS

Permitem a elevação e a deslocação de cargas, mas requerem um meio de fixação, como acontece com os guinchos (ver Figura I.8).

**Figura I.8: Uma grua manual de oficina**

São constituídos por uma lança telescópica e um cilindro hidráulico. O cilindro hidráulico é acionado quando a bomba é accionada pelo operador. Altura de elevação: 1,5 metros, Deslocação de cargas em distâncias curtas, apenas alguns metros. Capacidade: de 500 kg a 2000 kg.

## H. PONTES ROLANTES

São dispositivos de elevação destinados a levantar e a deslocar cargas; deslocam-se sobre pistas paralelas e o seu dispositivo de preensão (gancho ou outro acessório de elevação) é suspenso de um mecanismo de elevação por meio de um cabo e de roldanas. O dispositivo de elevação (guincho ou talha) é suscetível de se deslocar perpendicularmente às pistas do dispositivo, ver figura I.9.

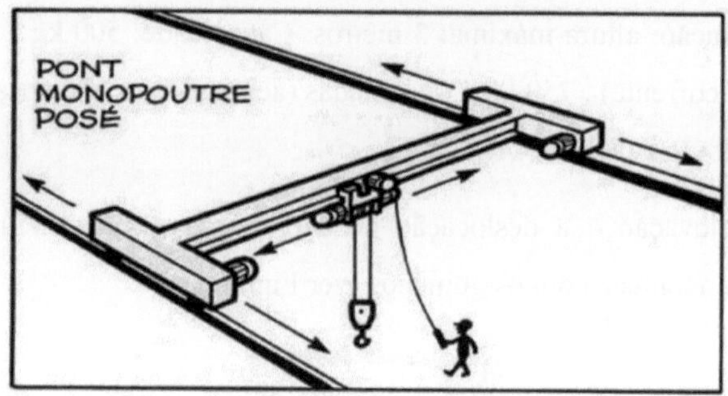



**Figura I.9: Ponte de viga única instalada**

Levantamento de vários metros ;

Deslocamento em função do comprimento dos carris; A capacidade de elevação é de: 1 tonelada a 20 toneladas ou mais.

## I. AS LINGAS

Alguns dispositivos de elevação exigem um dispositivo de ligação entre a carga e o gancho do dispositivo, ver figura I.10.

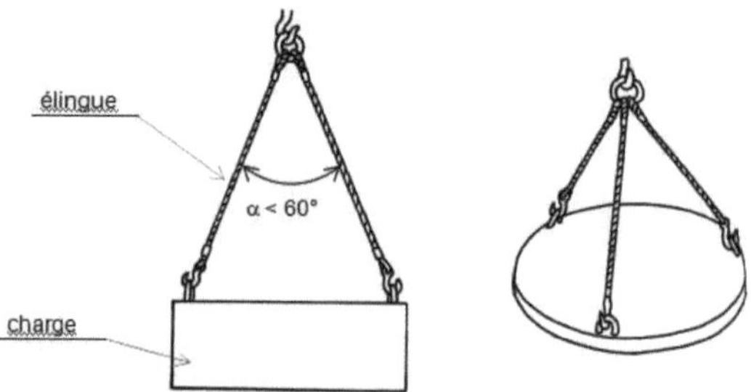



**Figura I.10: linga que transporta uma carga**

As lingas devem ser sempre utilizadas com equipamentos em perfeito estado e, sobretudo, respeitando todas as regras de segurança. Em função dos trabalhos a efetuar, as lingas têm diferentes formas, por exemplo: (Ver figura: I.10.a, b, c).

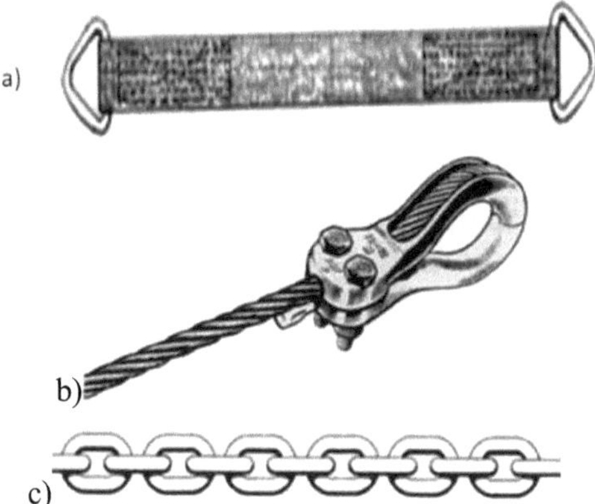

**Figura I.10.1: a) linga de tecido plano, b) linga de cabo de aço c) linga de corrente**

### I.3.2. Manuseamento mecânico

### I.3.2.1.Definição

A movimentação mecânica implica a utilização de equipamentos de elevação e de transporte e evita os riscos associados à movimentação manual. No entanto, também dá origem a riscos associados à deslocação das máquinas, à carga movimentada ou ao equipamento de movimentação.

### I.3.2.2. Equipamento de movimentação mecânica[8]

A movimentação é necessária quando o trabalho exige um elevado nível de atenção, daí a utilização de equipamentos de movimentação como os empilhadores. Estes podem manipular e transportar qualquer tipo de carga. O objetivo de todas as empresas é fornecer os meios e os equipamentos necessários para uma movimentação segura. Inicialmente, a movimentação de materiais consistia na deslocação manual de encomendas e paletes. Graças aos progressos tecnológicos, é atualmente possível realizar trabalhos de movimentação com ferramentas mais eficazes. A introdução e a utilização de equipamentos de movimentação permitem às empresas melhorar a sua produtividade. O investimento em material de movimentação de cargas permite ser rentável e vencer a concorrência. Entre estes equipamentos contam-se os seguintes:

**I.2.2.2.1.Empilhadores controlados por peões [ 9]**

**A.Porta-paletes, porta-paletes de plataforma**

- **Características**

O movimento hidráulico de elevação é transmitido aos rolos de apoio por um conjunto de alavancas e bielas. A energia é fornecida por uma bateria eléctrica. Alguns camiões dispõem de uma estação de carregamento integrada. O comprimento dos braços das forquilhas e a largura total dos braços das forquilhas devem ser determinados em função das dimensões das paletes a transportar. No caso das plataformas elevatórias, os braços dos garfos são substituídos por uma plataforma.

- **Desempenho**

Altura de elevação do garfo: 300 mm. Velocidade de deslocação: 6 km/h no máximo. Capacidade de inclinação: varia de 20% sem carga a 5-10% com carga. A maioria dos camiões tem uma capacidade de 2.000 kg, e alguns são mesmo concebidos para 3.000 kg.

- **Utilizações comuns**

Utilização não muito intensiva.

Para carga/descarga de camiões.

Para o transporte de cargas em paletes em distâncias curtas (30 m) em fábricas, lojas e armazéns.

- **Benefícios**

Equipamento simples que não exige carta de condução, exceto no que se refere à adequação de uma plataforma dobrável.

Equipamento compacto para utilização em espaços confinados.

Baixo custo de aquisição.

O seu baixo peso significa que podem ser utilizados em pavimentos de baixa resistência, como andares e camiões.

**• Desvantagens**

Utilização limitada a distâncias curtas devido ao facto de o operador se deslocar a pé. Expõe o operador a riscos:

- de colisões com empilhadores, uma vez que é obrigado a percorrer os mesmos corredores,

- aprisionamento ou esmagamento do corpo ou de um membro contra um objeto obstáculo pelo quadro, pela lança de tração ou pelas rodas. O solo deve estar em boas condições, ser plano e não ter buracos.

A utilização de um porta-paletes com plataforma dobrável não é recomendada porque :

- o risco de o condutor ser ejectado nas curvas e travagens,
- falta de proteção do condutor,
- a má ergonomia do posto de condução.

Este equipamento híbrido é perigoso para utilização corrente (ver Figura I.11) e requer uma carta de condução.

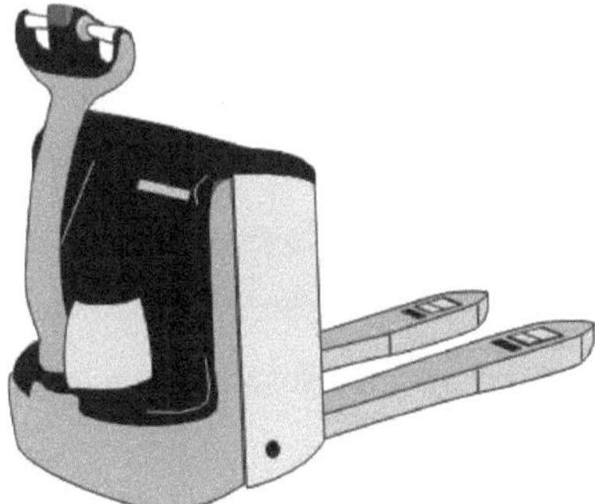

**Figura I.11: Porta-paletes mecânico controlado por peões**

## B. Empilhadores

### • Características

Dispositivos derivados dos porta-paletes, equipados com um conjunto de elevação para levantar a carga.

Considerar :

- Sobreposição de empilhadores, que constituem a maior parte da frota,
- carrinhos com braços de enquadramento,
- empilhadores suspensos.

A energia é fornecida por uma bateria eléctrica. Alguns camiões têm uma estação de carregamento integrada.

### • Desempenho

Velocidade de deslocação: 6 km/h no máximo. Velocidade de elevação: varia de 0,25 m/s sem carga a 0,10 m/s com carga.

Rampa admissível: varia de 10% sem carga a 5 a 10% com carga. As capacidades dos camiões variam entre 1.000 e 1.600 kg, com um centro de gravidade de 600 mm. Alguns são mesmo concebidos para 3.000 kg. As alturas de elevação podem atingir os 5 m.

### • Utilizações comuns

Utilização não muito intensiva. Para empilhar cargas paletizadas a serem transportadas em distâncias curtas. Para alturas de elevação até 3 m.

### • Benefícios

Equipamento simples que não necessita de carta de condução, exceto se for adequada uma plataforma dobrável. O seu peso morto muito reduzido permite a sua utilização em pavimentos de baixa resistência. O seu tamanho reduzido e a sua capacidade de manobra permitem a sua utilização em espaços reduzidos. Custo relativamente baixo.

Os carrinhos com braço de armação são muito estáveis.

**• Desvantagens**

A capacidade destes empilhadores diminui rapidamente com a altura de elevação. A partir de uma altura de elevação de cerca de 3 m, este tipo de empilhador é sensível a inclinações laterais. Os empilhadores de garfos sobrepostos exigem que as paletes sejam levantadas apenas numa direção. Utilização limitada a curtas distâncias, uma vez que o operador se desloca a pé:

- de colisões com empilhadores, uma vez que é obrigado a circular nos mesmos corredores,

- aprisionamento ou esmagamento do corpo ou de um membro contra um obstáculo pelo quadro, pela lança de tração ou pelas rodas,

- de queda de objectos manuseados em altura, uma vez que os empilhadores não dispõem de proteção do condutor.

 O pavimento deve estar em bom estado, ser plano e não ter buracos (ver figura I.12).

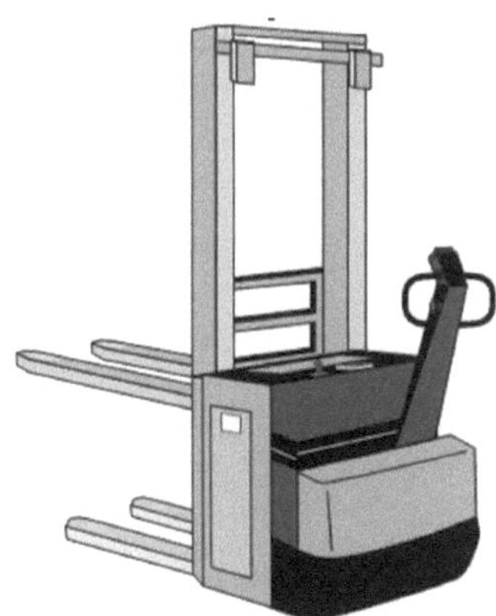

**Figura I.12: Empilhadores para peões**

## C. Trator

**• Características**

Empilhadores desenvolvidos a partir de porta-paletes eléctricos. substituídos por um sistema de engate de reboque.

**• Desempenho**

Velocidade de deslocação: 6 km/h.

Capacidade de carga rebocada: 2.000 kg.

**• Utilizações comuns**

Transporte de pequenas cargas em distâncias curtas.

**• Benefícios**

Extremamente manobráveis, podem ser utilizados em conjunto com outros equipamentos para desobstruir postos de trabalho ou deslocar-se em áreas congestionadas.

**• Desvantagens**

O pavimento deve estar em bom estado, ser plano e não ter buracos.

Expõe o operador a riscos:

- colisões com empilhadores

Usado, uma vez que é suscetível de ser utilizado nos mesmos corredores,

- aprisionamento ou esmagamento do corpo ou de um membro contra um obstáculo pelo quadro, pela lança de tração ou pelas rodas.

**• Benefícios**

Equipamento simples que não necessita de carta de condução, exceto se for adequada uma plataforma dobrável (ver figura I.13).

**Figura I.13: Trator para peões**

## I.2.2.2.2. Empilhadores controlados por peões [ 10]

A utilização de qualquer empilhador de garfo exige que o condutor seja titular de uma carta de condução emitida pelo diretor da empresa.

## A. Carrinhos

• **Características**

O chassis destes camiões é concebido com uma plataforma sobre a qual a carga é colocada. Estes camiões são alimentados principalmente por eletricidade.

• **Desempenho**

Velocidade de deslocação: 15 a 25 km/h. Capacidade de carga: até 2.000 kg.

• **Utilizações comuns**

Serviço de grandes oficinas, ligações entre edifícios, hospitais, instalações portuárias, serviços rodoviários nas grandes cidades.

• **Benefícios**

Equipamento bem adaptado às necessidades.

• **Desvantagens**

Equipamento muito específico.

Necessita de outro meio de manuseamento para o carregamento.

(Ver figura I.14 )

**Figura I.14: Carros de suporte de carga**

## B. Carrinhos de tração

### • Características

Os tractores têm um gancho de reboque, automático ou não, para puxar um comboio de reboques.

Estes camiões podem ser térmicos ou eléctricos.

O sistema de travagem do trator é concebido para parar o comboio de reboques. É geralmente possível instalar um dispositivo de controlo dos travões do reboque nos tractores.

### • Desempenho

❖Tractores derivados de porta-paletes :

- Velocidade de deslocação: 5 a 12 km/h.
- Capacidade de reboque de 1.500 a 3.000 kg.

❖Tractores específicos :

- Velocidade de deslocação: 15 a 25 km/h.

- Capacidade de reboque de 6.000 a 20.000 kg (excluindo tractores de aeroporto específicos concebidos, por exemplo, para puxar aviões).

## • Utilizações comuns

Em certas empresas, estações ferroviárias e aeroportos, para puxar um comboio de reboques.

## • Benefícios

Equipamento bem adaptado às necessidades.

## • Desvantagens

Equipamento muito específico (ver figuras I.15 e I.16)

**Figura I.15: Tractores derivados de porta-paletes**

**Figura I. 16: Tractores específicos**

## C. Porta-paletes

## • Características

Camiões derivados do porta-paletes de condutor apeado, mas em que o operador é transportado. Requerem uma carta de condução. Consoante o camião, o operador pode estar de pé ou sentado. Existem os seguintes tipos:

Operador autónomo com barra de tração,

-Condutor de pé sobre o volante,

-O condutor está sentado num volante. A energia é fornecida por uma bateria eléctrica.

O comprimento dos braços da forquilha e a largura total dos braços da forquilha devem ser determinados em função das dimensões das paletes a transportar.

**• Desempenho**

Velocidade de deslocação: 8 a 12 km/h. A maioria dos camiões tem uma capacidade de 2.000 kg, e alguns são mesmo concebidos para 3.000 kg. Altura de elevação do garfo: 300 mm.

**• Utilizações comuns -Utilizações intensivas.**

Para a carga/descarga de camiões e vagões. Para o transporte de cargas paletizadas em fábricas e armazéns em distâncias superiores a 50 m.

**• Benefícios**

Carrinhos compactos e manobráveis para utilização em espaços reduzidos. Custo de aquisição reduzido.

**• Desvantagens**

Os camiões de caixa aberta e de caixa fechada com o volante e o posto de condução perpendiculares ao camião têm frequentemente um posto de condução compacto, que por vezes não é suficientemente ergonómico. A compacidade do posto de condução expõe o condutor, que muitas vezes tem parte do seu corpo saliente para além da estrutura do camião.

O risco de acidentes é elevado quando se utilizam estas máquinas.

O pavimento deve estar em bom estado, ser plano e não ter buracos ( ver figura I.17).

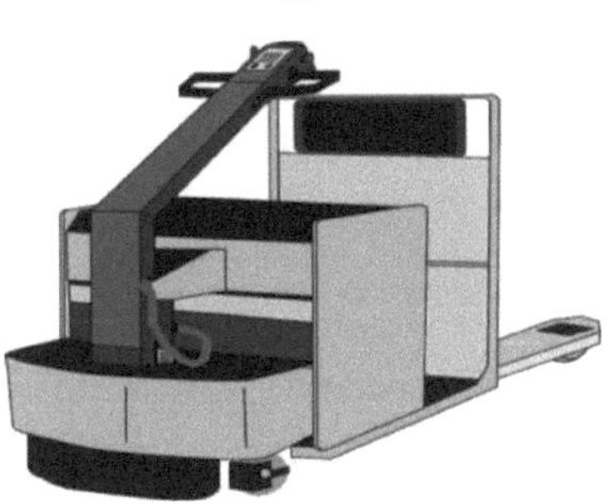

**Figura I.17: Porta-paletes de condutor apeado**

## D.Empilhadores

### • Características

Equipamento com um posto de condução normalmente na vertical, equipado com uma coluna de elevação para levantar a carga. Estes camiões não trabalham em suspensão.

Considerar :

-Empilhadores sobrepostos,

-trolleys com braços emoldurantes.

A energia é fornecida por uma bateria eléctrica.

### • Desempenho

Velocidade de deslocação: 8 a 12 km/h.

Velocidade de elevação: varia de 0,25 m/s sem carga a 0,20 m/s com carga.

Capacidade de inclinação: 10-20% em vazio, 5-10% em carga.

As capacidades dos carrinhos variam entre 1.000 e 2.000 kg, com um centro de gravidade de 600 mm.

As alturas de elevação podem atingir os 5 m.

### • Utilizações comuns - Utilização de baixa intensidade.

Para empilhar cargas em paletes em fábricas e armazéns em espaços confinados.

**• Benefícios**

Carrinhos compactos e manobráveis para utilização em espaços reduzidos.

**• Desvantagens**

A compacidade do posto de condução resulta frequentemente numa má ergonomia e expõe o condutor, que muitas vezes tem parte do seu corpo saliente para além da estrutura do camião.

Os empilhadores com garfos sobrepostos têm de recolher paletes apenas numa direção e necessitam de um piso livre para empilhar numa estante (ver figura I.18).

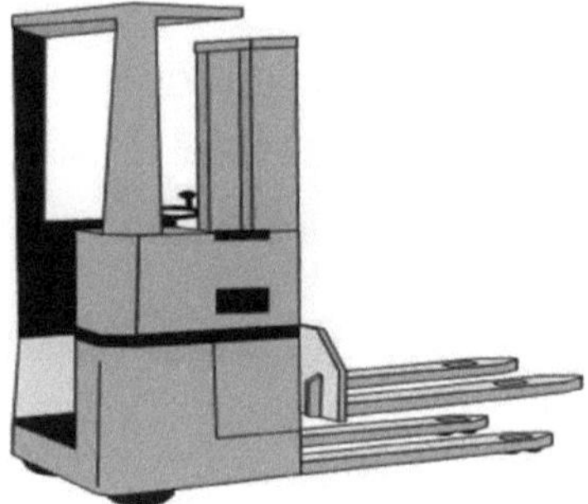

**Figura I.18: Empilhadores para peões**

**E. Empilhadores cantileveres**

**1. Tampão frontal**

**• Características**

A unidade de empilhamento e a carga estão em balanço em relação ao eixo dianteiro, com o contrapeso na traseira do empilhador a proporcionar estabilidade. O operador senta-se no sentido da deslocação.

É feita uma distinção entre :

❖ Empilhadores eléctricos e térmicos.

- Os camiões eléctricos são alimentados por uma bateria.

- Os empilhadores térmicos são alimentados por um combustível: gasóleo, gasolina ou GPL.

❖ Camiões com torre traseira e camiões de quatro rodas.

-Os camiões com torreta traseira podem ter o eixo de tração dianteiro ou o eixo de tração traseiro. a torreta traseira com direção assistida.

Os camiões com eixo de quatro rodas têm um eixo de tração dianteiro e um eixo de tração traseiro.

Diretor.

### • Desempenho

As velocidades de deslocação são da ordem dos 15 a 20 km/h para os empilhadores eléctricos e dos 20 a 25 km/h para os empilhadores de combustão interna.

As velocidades de elevação situam-se geralmente entre 0,25 m/s e 0,40 m/s. A capacidade destes camiões varia entre menos de 1.000 kg e 50.000 kg.

As alturas de elevação mais comuns variam entre 3 e 6 m e podem atingir 10 a 12 m.

### • Utilizações comuns

Para deslocar, transportar e elevar cargas em todos os sectores, exceto se o terreno exigir um veículo todo-o-terreno.

Os camiões com as capacidades mais elevadas são utilizados na indústria pesada ou nos portos para movimentar contentores com recurso a spreaders.

### • Benefícios

Equipamentos robustos, geralmente concebidos para uma utilização intensiva e polivalente. Facilitam o manuseamento dentro da empresa. Utilizados sempre que há uma quebra no fluxo.

**• Desvantagens**

O risco de acidente na utilização destas máquinas é elevado. Nalguns casos, a carga pode obstruir a visibilidade para a frente. Libertação de gases poluentes pelos empilhadores térmicos não equipados com um dispositivo de tratamento. O nível sonoro dos empilhadores térmicos é mais elevado do que o dos empilhadores eléctricos (ver figura I.19).

**Figura I.19: Empilhadores de carga frontal em consola**

## 2. Punho lateral

**• Características**

Camiões eléctricos compactos com mastros retrácteis posicionados entre os eixos, permitindo a recolha e elevação de cargas a partir da lateral do camião e a sua colocação na plataforma de suporte de carga do camião.

**• Desempenho**

Capacidade de 1.000 a 3.000 kg para empilhar cargas longas até 8 m de altura.

**• Utilizações comuns**

Carrinhos concebidos para suportar cargas longas (perfis, tubos, placas, etc.).

- **Benefícios**

Condução em corredores estreitos de oficinas e armazéns.

- **Desvantagens**

Só pode ser empilhado de um lado. É necessário um pavimento plano em bom estado, sem buracos.

**Nota:** Não confundir com os empilhadores térmicos especiais com garras laterais, concebidos para recolher cargas pesadas e móveis ao ar livre, em terrenos muitas vezes não urbanizados. (Ver figura I.20).

**Figura I.20: Empilhadores de carga lateral em consola**

### F. Carrinhos de armazém

Todos estes camiões são geralmente utilizados em lojas, em pisos em bom estado, planos e sem buracos. São movidos a eletricidade e equipados com pneus.

### 1. Camiões retrácteis

- **Características**

O chassis do camião é composto por um posto de condução em ângulo reto e dois braços nos quais desliza o conjunto de elevação. Para se deslocar, o conjunto de elevação é recolhido, colocando a carga dentro do polígono de apoio e limitando o comprimento total do camião.

**• Desempenho**

Velocidade de deslocação: 12 a 18 km/h. Rampa baixa admissível. A capacidade destes camiões varia entre 1200 kg e 2000 kg. São possíveis alturas de elevação até 10 m. Estas máquinas podem ser equipadas com um dispositivo que memoriza os níveis de colocação e remoção das paletes.

**• Utilizações comuns**

Carrinhos utilizados em armazéns, entre depósitos de distribuição, em câmaras frigoríficas, etc., para empilhamento em instalações de estantes metálicas onde é necessário um aproveitamento máximo do volume.

**• Benefícios**

Camiões compactos para corredores de empilhamento mínimos e uma utilização óptima do volume de armazenamento. A boa estabilidade facilita o empilhamento a grandes alturas, assegurando simultaneamente uma elevada capacidade residual.

Boa visibilidade de condução.

**• Desvantagens**

Posição de condução transversal ao camião, que requer tempo de treino para se adaptar em comparação com um carrinho tradicional. O condutor fica exposto em caso de impacto devido à disposição do posto de condução. Além disso, dependendo da sua constituição, parte do seu corpo pode sobressair da estrutura do camião (ver figura I.21).

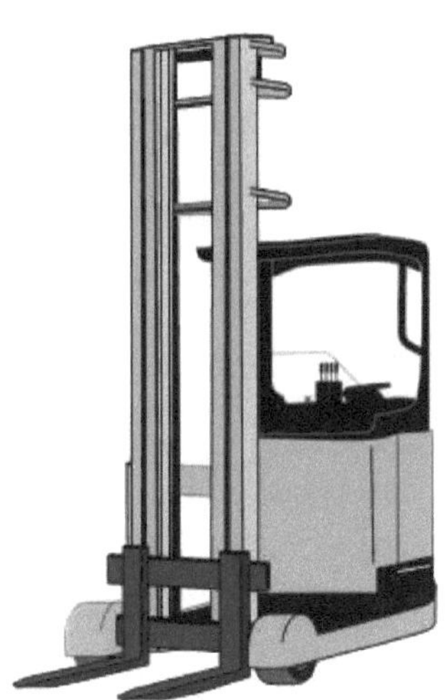

**Figura I. 21: Camiões retrácteis**

## 2. Camiões bidireccionais e tri-direccionais

### • Características

Os carros de recolha de carga bidireccionais são concebidos para poderem recolher a carga e colocá-la de um lado ou do outro. Os carrinhos de recolha de carga tri-direccionais recolhem a carga frontal ou lateralmente de um lado ou do outro.Os carrinhos são frequentemente guiados nas estantes por um sistema mecânico de carris de rolos ou por um sistema de guia de arame.Os carrinhos estão geralmente equipados com um dispositivo de seleção da altura de empilhamento e, por vezes, com um dispositivo que posiciona automaticamente os garfos de frente para a posição de armazenamento.Em alguns empilhadores, a posição de condução é elevada com os garfos.

### • Desempenho

Velocidade de deslocação: 10 km/h. Velocidade de elevação: 0,4 m/s.

Alturas de elevação de 10 m ou mais.

## • Utilizações comuns

Camiões utilizados em armazéns metálicos de grande altura com rotação intensiva da carga.

## • Benefícios

Elevada produtividade. Alturas de armazenamento muito elevadas. Infra-estruturas básicas em comparação com as instalações servidas por transelevadores. Os empilhadores podem ser utilizados para a recolha de encomendas.

## • Desvantagens

Quando se utilizam estes carrinhos, o pavimento deve respeitar as seguintes especificações: resistência, horizontalidade, planimetria... Os condutores devem ter formação e conhecer a regulamentação. para conduzir com segurança. Devem ser tomadas medidas especiais e o pessoal deve ser formado para evitar os riscos de acidentes específicos deste tipo de equipamento: colisões ao sair dos corredores, colisões de peões nos corredores, etc. (ver figura I.22 , I.23)

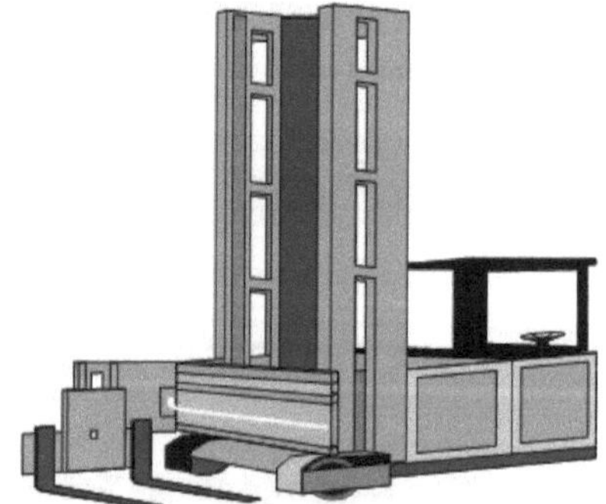

**Figura I. 22: Carrinhos bidireccionais**

**Figura I. 23: Tróleis de três vias**

## I.4. As consequências da manipulação :

Mesmo que seja muito bem concebido, o manuseamento conduz a :

• danos no produto

• acidentes

• necessidade de áreas de armazenamento (aumento da superfície e dos impostos)[11]


## I.5. Os objectivos do tratamento :

O manuseamento deve permitir que as peças sejam deslocadas de um posto de trabalho para outro na linha de produção, de modo a manter a empresa em funcionamento:

• comprar matérias-primas em armazéns - introduzir essas matérias na produção

• estações de trabalho de fornecimento (durante o processo de fabrico)

• retirar o produto acabado e armazená-lo

Uma operação de tratamento é composta por 3 fases:

• aying e fixação da peça

• viajar

• remoção da peça para a sua nova localização[12]

# CAPÍTULO II

# O EMPILHADOR

## II.1. Introdução

Nesta secção, tentamos fornecer: uma definição de empilhador, descrever as funções e o ambiente externo desta máquina, pesquisar e selecionar as normas aplicáveis aos empilhadores para garantir o seu bom estado e a sua utilização correcta, identificar os riscos associados à utilização destas máquinas.

## II.2. Definição

Os empilhadores são veículos com pelo menos três rodas, com um mecanismo de tração motorizado ou não motorizado, com exceção dos veículos que se deslocam sobre carris, concebidos para transportar, puxar, empurrar, levantar, empilhar ou arrumar em prateleiras qualquer tipo de carga e que são controlados por um operador ou por um robô sem condutor [ 10].

## II.3. Características de um empilhador

Os empilhadores apresentam características frequentemente desconhecidas dos peões e, por vezes, subestimadas pelos condutores de empilhadores:[11].A forma compacta do empilhador não sugere que seja muito pesado - o equivalente a seis automóveis. Perante esta máquina potente em movimento, mesmo a baixa velocidade, um peão não tem sorte. para escapar ileso a uma colisão, e ainda menos se ficar preso entre o carro e um objeto.

1- um empilhador vira sempre com as rodas traseiras (eixo direcional) enquanto as rodas dianteiras são accionadas (eixo motor).

2- Um empilhador vira mais facilmente com carga do que sem carga devido ao seu contrapeso, que o equilibra.

3- um empilhador funciona tanto em marcha-atrás como em marcha à frente antes.

4- O condutor do empilhador conduz com uma mão e maneja os comandos com a outra.

5- um empilhador pesa aproximadamente o  equivalente a seis automóveis (ver Figura II.1.)[11].

6- um empilhador não tem suspensão.

7- Os empilhadores, com ou sem carga, têm um centro de gravidade elevado.

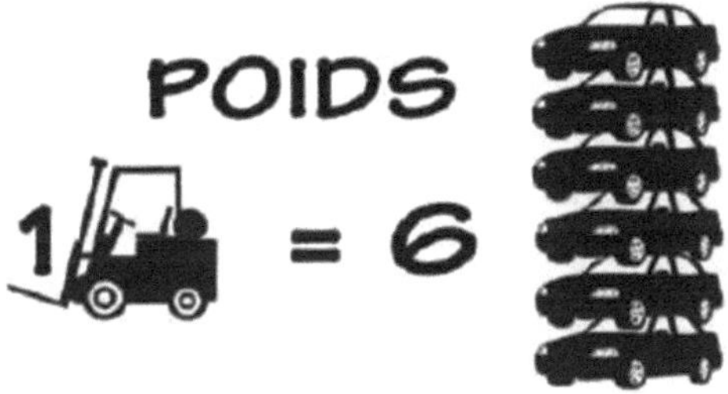


Figura II.1: Comparação de peso entre empilhador e automóvel.

## II.4. Descrição técnica de um empilhador

Os empilhadores são constituídos por componentes essenciais que se encontram em todos os tipos de empilhadores.

### II.4.1. Esquema técnico de um empilhador

A figura II.2 mostra os componentes gerais de um empilhador. [11] :

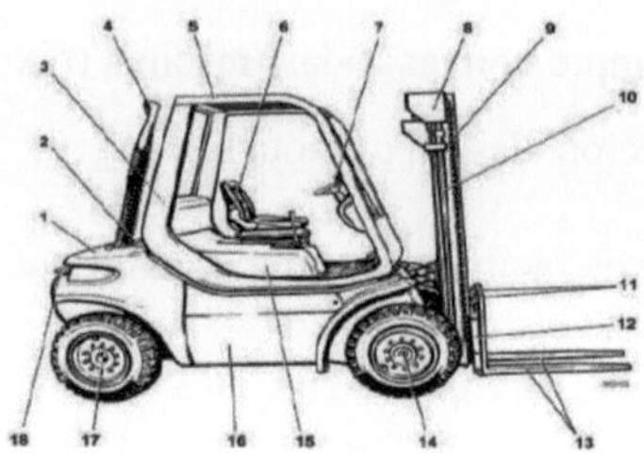

Figura II.2: Componentes gerais do empilhador.

A nomenclatura do carrinho acima indicado é apresentada no quadro seguinte:
(quadro II.1).

| número | Componente |
| --- | --- |
| 1 | Contrapeso |
| 2 | Cobertura do radiador |
| 3 | Caixa da bateria |
| 4 | Silenciador secundário |
| 5 | Arco de proteção |
| 6 | Banco do condutor |
| 7 | Volante com painel de instrumentos |
| 8 | Mastro de elevação |
| 9 | Correntes do mastro de elevação |
| 10 | Cilindro de elevação |
| 11 | Bloqueio do braço do garfo |
| 12 | carro de forquilha |
| 13 | Garfo |
| 14 | Capota do motor |
| 15 | Chassis |
| 16 | Eixo de direção |
| 17 | Dispositivo de acoplamento |

Quadro II.1 Os componentes de um empilhador.

## II.4.2. Descrição dos componentes dos empilhadores[12]

**A.O mastro:** O mastro é o conjunto vertical de secções metálicas que permite elevar, baixar e inclinar a carga. O mastro pode ser acionado hidraulicamente: é composto por um ou mais macacos e por carris de encaixe que deslizam uns sobre os outros através de rolos intermédios.

**B.O carro de transporte de carga:** ao qual são fixados o(s) garfo(s) metálico(s) ou o equipamento opcional, desloca-se ao longo do mastro por meio de correntes ou sendo ligado diretamente ao macaco hidráulico. Geralmente, oO carro de transporte de carga, montado sobre rolamentos, é guiado e desloca-se entre as duas calhas do mastro.

**C.Garfos: Os garfos** são os braços em forma de L que seguram a carga. A parte vertical traseira dos garfos é normalmente fixada ao carro de transporte de carga por meio de um gancho ou de um trinco. A parte horizontal dos garfos é cónica para facilitar a inserção na carga ou por baixo dela e pode ser deslocada horizontal e verticalmente por meio de cilindros hidráulicos.

**D.Um suporte de carga ou encosto traseiro:** É instalado quando a carga é mais alta do que a parte superior do porta-cargas; é uma extensão em forma de cremalheira aparafusada ou soldada à plataforma do porta-cargas para evitar que a carga se desloque para trás.

**E.A cabina**, com espaço para o condutor ou o operador, contém todos os elementos de movimentação: os pedais de comando, o volante, os botões e alavancas de comando hidráulico para dirigir o camião, um painel de instrumentos com luzes de aviso e um diagrama de carga que informa o condutor do peso a não exceder em função das dimensões da carga e da altura de elevação. A cabina pode ser aberta com uma simples proteção superior ou fechada.

**F. Propulsão a gasóleo:** O motor do empilhador a diesel é idêntico a um motor convencional instalado em automóveis para potências baixas, ou em camiões e barcos para potências elevadas. O empilhador a gasóleo destina-se exclusivamente à utilização no exterior. Oferece a potência de um motor diesel para todas as capacidades de carga.

**G. Transmissão:** O camião industrial será propulsionado por duas técnicas, ou por motores hidráulicos (transmissão hidrostática) ou por meio de um conversor (acoplador hidráulico), (ver figura II.3) [13].

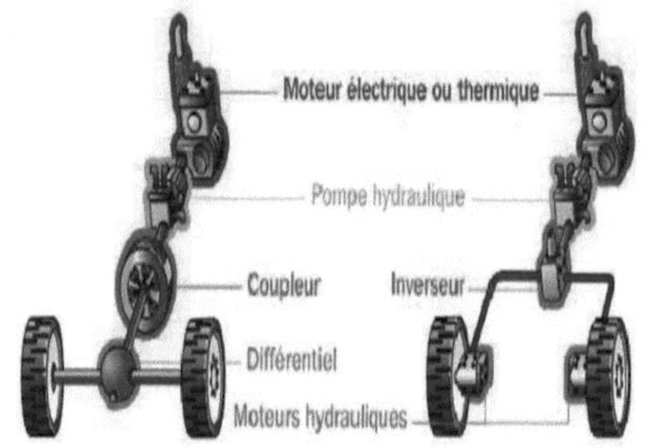


**Acoplador hidráulico Transmissão hidrostática**

Figura II.3: Diferentes tipos de propulsão de tróleis.

**H. Um contrapeso:** Trata-se de uma massa metálica fixada ao chassis na traseira do camião, necessária para compensar a massa da carga.

**I. Rodas com um pneu maciço:** O pneu de uma roda maciça é um invólucro engastado na roda que cobre completamente a sua superfície em contacto com o solo. O pneu é comparável a um pneu maciço, com uma altura reduzida do talão. O pneu tem uma capacidade de deformação e de absorção reduzida, o que lhe permite superar os desníveis. As rodas maciças com pneus maciços são adequadas para utilização em terrenos preparados.

**J. A bateria:** Um empilhador motorizado requer a utilização de uma bateria de arranque. Esta bateria deve fornecer uma corrente elevada para ativar o motor de arranque, mas apenas durante um período de tempo muito curto.

## II.4.3. Como funciona

### II.4.3.1. Motor

É acionado por um motor diesel de 4 cilindros de injeção direta que acciona as bombas hidráulicas do camião a uma velocidade de rotação dependente da carga. O arrefecimento é efectuado por um circuito fechado com um reservatório de expansão[13].

### II.4.3.2. Sistema hidráulico (transmissão hidrostática)

O sistema hidráulico é composto por uma bomba hidráulica de cilindrada variável e dois motores hidráulicos de cilindrada constante, montados para formar o eixo compacto, mais uma bomba tandem (cilindrada constante) para o sistema hidráulico de elevação e de direção. A direção e a velocidade de deslocação são controladas por dois pedais que actuam sobre a bomba de deslocamento variável. Os motores de deslocamento constante no eixo compacto são alimentados pela bomba de deslocamento variável e accionam as rodas motrizes através de duas engrenagens de redução. A travagem é obtida naturalmente pela transmissão. (Ver figura II.4) [13]

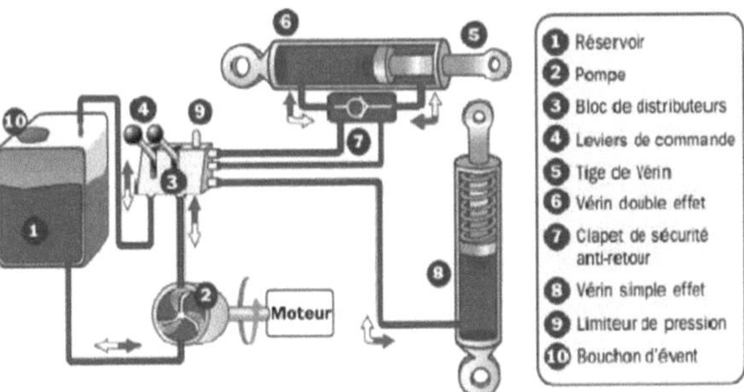


Figura II.4: Circuito hidráulico

### II.4.3.3. Gestão

A direção é hidrostática e dirige as rodas traseiras através do cilindro de direção. A direção pode ser accionada rodando o volante com força quando o motor não está a funcionar.

### II.4.3.4. Sistema elétrico

O sistema elétrico é alimentado por um alternador de 12V DC. Uma bateria de 12V é utilizada para ligar o motor.

### II.4.3.5. sistema de travagem

A transmissão hidrostática funciona como um travão de serviço. Dois travões de palheta no eixo compacto actuam como travões de estacionamento. Os travões de palheta fecham-se automaticamente quando o motor é desligado e travam o camião automaticamente quando este fica parado. O pedal do travão também funciona como travão de estacionamento. Por este motivo, o pedal do travão deve ser bloqueado mecanicamente quando o camião está parado.

### II.5. Equipamento de segurança para camiões

Para além do equipamento abaixo indicado, o camião deve ter um :

**a. Encosto da carga:** evita que os componentes da carga caiam sobre a plataforma do condutor. A malha deve ser concebida de acordo com os componentes mais pequenos das cargas a transportar.

**b. Protetor:** impede o acesso às partes mecânicas móveis quando estas se encontram na proximidade imediata do condutor.

**c. Sistema de retenção do condutor:** o camião deve estar equipado com um sistema de retenção do condutor (cinto de segurança) para proteger o condutor contra o risco d e ser esmagado entre o carro e o solo em caso de acidente. inversão de marcha.

**d. Trompa:** de potência suficiente

**e. Extintor de incêndio**

**f. Circuito de travagem:** utilizado para parar e manter o veículo imobilizado.

carrinho com a sua carga máxima autorizada.

**g. Uma chave de ignição:** ou qualquer outro dispositivo que impeça o empilhador de ser utilizado por uma pessoa não autorizada (ver figura II.5)[13].

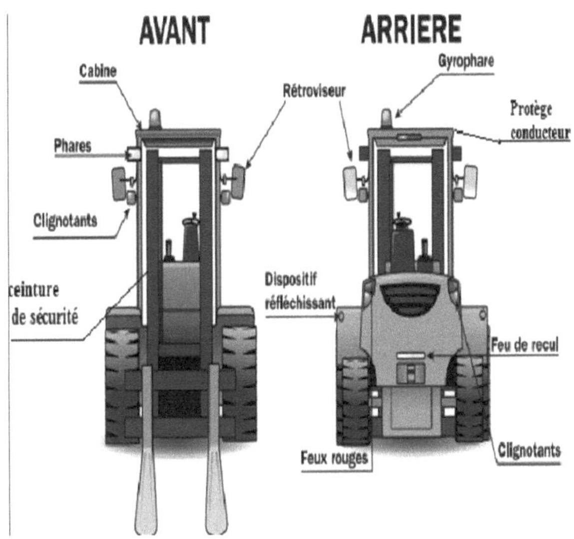


Figura II.5: Dispositivos de segurança para empilhadores.

## II.6. Missão do empilhador
### II.6.1. O método APTE

O método APTE (Application aux Techniques d' Entreprise) é um método de inventário ambiental. Está adaptado à organização e descrição das operações de uma empresa e utiliza um vocabulário significativamente diferente: As funções de serviço (SF) são designadas funções de base e incluem funções principais (MF) e funções condicionadas (CF) [14] :

**a.** as funções principais (FP) representam o objetivo da ação do produto e são a própria expressão da necessidade.

**b.** as funções de restrição (FC) reflectem as acções e/ou reacções do produto em relação aos diferentes serviços externos devido à sua presença num sistema (empresa) e no ambiente circundante.

**c.** As funções técnicas (TF) abrangem as funções elementares e as funções de conceção.

## II.6.2. Diagrama do animal com chifres

A tarefa do empilhador difere de acordo com a sua atribuição, que pode ser: trabalho na fábrica, em armazéns, em oficinas de maquinagem de peças[14] .ver figura II (6-7-8-9)

A quem se destinaO que faz?

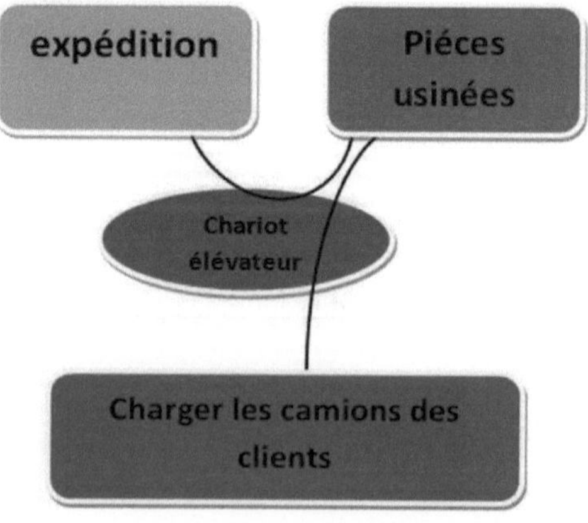


Com que objetivo?

Figura II.6 Diagrama "chifre e cavalo" do empilhador de expedição

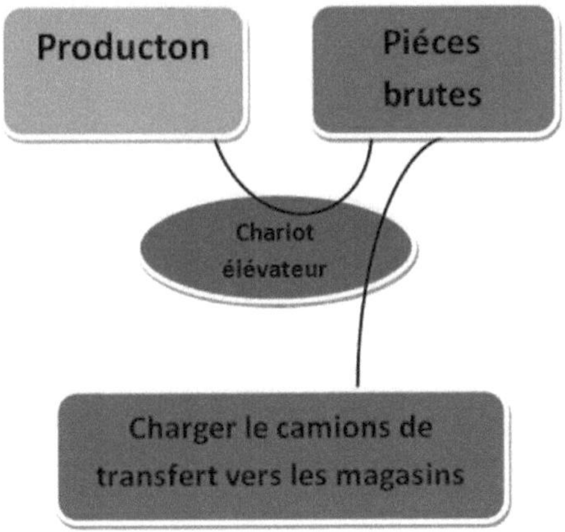


. Figura II.7 Diagrama de buzina e viga do empilhador de armazém

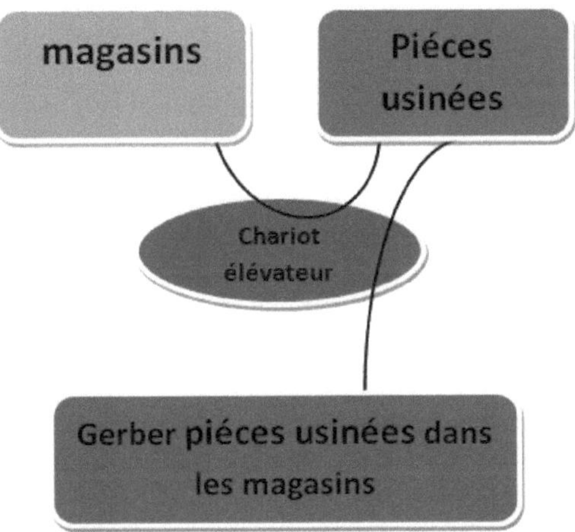


Figura II.8 Diagrama "chifre e cavalo" do empilhador de fábrica.

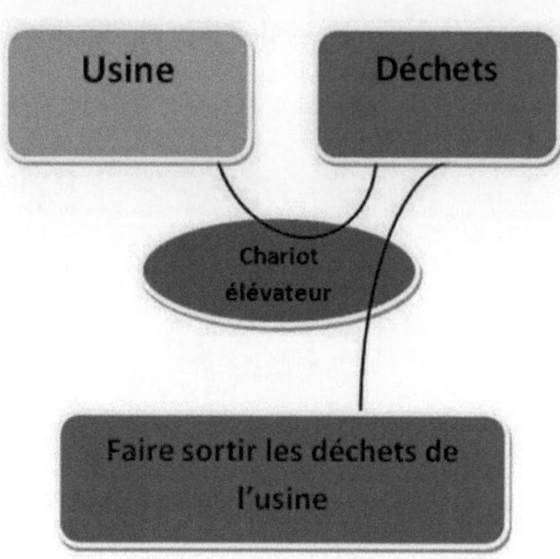


Figura II.9 Diagrama "chifre e cavalo" do empilhador de resíduos.

## II.6.3. Diagrama do polvo

O diagrama de polvo é um método para exprimir as funções e representar as relações entre os diferentes elementos do ambiente circundante e o carro [14]. (Ver figura II.10)

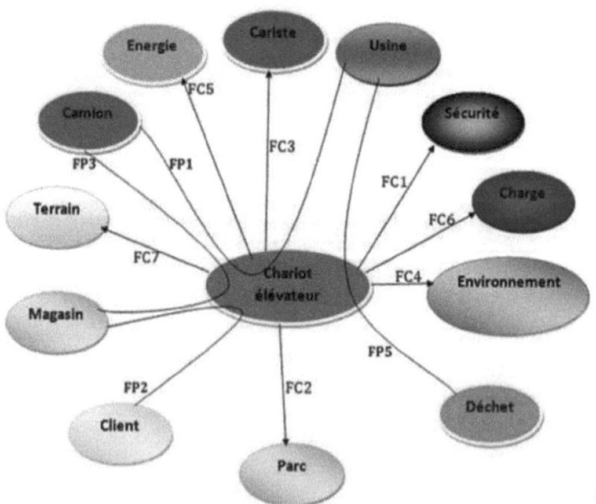


Figura II.10: Diagrama de polvo do empilhador.

As funções do empilhador são apresentadas no quadro seguinte (quadro II.2).

| N | A função |
|---|---|
| FP1 | transferir camiões para as lojas |
| FP2 | Carregamento de camiões de clientes |
| FP3 | Empilhamento de paletes de ladrilhos de cerâmica nas lojas |
| FP4 | Retirar os resíduos da fábrica |
| FC1 | Garantir a segurança dos condutores de empilhadores e dos peões |
| FC2 | Cumprir as instruções de manutenção e conservação |
| FC3 | Ser fácil de manusear |
| FC4 | Respeitar o ambiente |
| FC5 | Racionalizar o consumo de combustível |
| FC6 | Empilhamento e transporte da carga |
| FC7 | Assegurar que os pneus são adequados ao solo |

Quadro II.2 Funções dos empilhadores.

## II.7. Regulamentos e normas

Nesta secção, apresentamos os resultados de uma pesquisa aprofundada sobre os regulamentos, leis e normas aplicáveis aos empilhadores e definimos o objetivo de cada regulamento e norma.

### II.7.1. ASME B56.1 - 1993 Norma de segurança para empilhadores de baixa e alta elevação

Trata-se de uma norma americana que descreve as regras de segurança relativas à formação, à utilização, à manutenção e à conceção dos empilhadores motorizados de baixa e de alta elevação. Para facilitar a compreensão, esta norma foi traduzida para francês pelo CSST (Norme de sécurité concernant les chariots élévateurs à petite levée et à grande levée, ASME B56.1 1993 A.1995). No entanto, a edição inglesa desta norma é a versão oficial[13].

## II.7.2. A lei relativa à saúde e segurança no trabalho (R.S.Q., c. S-2.1)

O seu objetivo é eliminar na origem os perigos e riscos que ameaçam a vida, a saúde, a segurança e a integridade física dos trabalhadores. Para tal, atribui a responsabilidade aos trabalhadores e empregadores e dá-lhes os meios para participarem na realização deste objetivo através da prevenção. Para o efeito, estabelece os direitos e obrigações dos trabalhadores, empregadores, proprietários e fornecedores que lhe estão sujeitos [11].

## II.7.3. O regulamento relativo à saúde e segurança no trabalho (R.S.Q., c.S-2.1, r.19.01) [RROHS].

Este regulamento define o empilhador como um dispositivo de elevação. Prevê a idade legal de utilização, estabelece um quadro de formação obrigatória, impõe a utilização de um dispositivo de retenção para os operadores de empilhadores e estabelece um quadro para a elevação de um trabalhador que utilize um empilhador[13].

## II.7.4. CSA B335 - 04 Norma de segurança para empilhadores

Esta norma canadiana baseia-se na ASME B56.1. A aplicação desta norma é voluntária. Para além de prescrever requisitos mínimos para a formação de operadores de empilhadores, esta norma CSA estabelece especificações para a conceção, construção, manutenção, inspeção e operação segura de empilhadores. A norma define igualmente as qualificações recomendadas para os formadores de operadores de empilhadores, bem como para os técnicos e o pessoal de manutenção. [10]

## II.8. Identificar os riscos associados à utilização de empilhadores

No domínio da prevenção dos riscos profissionais (quadro II.3), o Instituto Internacional de Investigação e Segurança (INRS), que é um organismo científico e técnico, criou uma base de dados, denominada EPICEA, destinada a registar todos os acidentes mortais com importância para a prevenção[11].

Os principais acidentes ocorridos durante a utilização de empilhadores, de acordo com a base de dados EPICEA: 226 acidentes entre 1992 e 2001. (Ver figura II.11) [15]

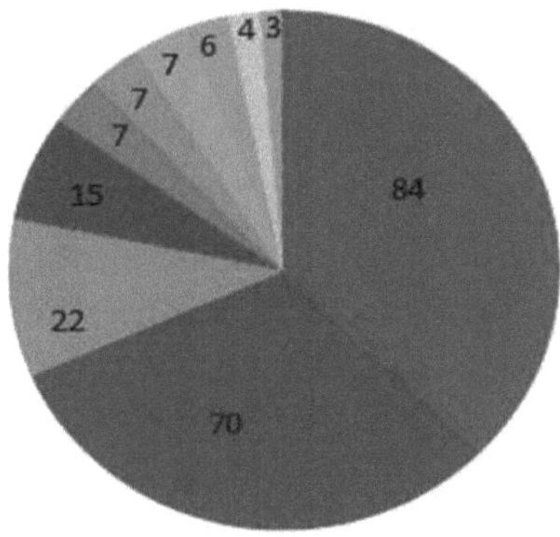


**Figura II.11 Percentagens de riscos associados à utilização de empilhadores**

| |
| --- |
| Colisão de peões |
| Queda de carga |
| Queda de altura (pessoa levantada de um garfo) |
| Esmagamento ou encravamento de parte do corpo através do conjunto elevador |
| Atropelamento de uma pessoa por um empilhador não tripulado com o motor em funcionamento |
| Inclinação frontal do camião |
| Queda de uma plataforma |
| Queda de carrinhos em rampas ou declives |
| Impactos de rolamento ou embate numa parede |

**Quadro II.3 Riscos associados à utilização de empilhadores**

A análise de riscos, que tem em conta o equipamento e a sua adequação às instalações e à tarefa a realizar, bem como o ambiente do posto de trabalho, levou à identificação de certos riscos que não foram a causa de acidentes mortais ou graves:

**a.** risco de vibração.

**b.** o risco de emissões nocivas dos motores de combustão.

Em **França, o** custo direto dos acidentes com empilhadores é estimado em mais de 45 milhões de euros por ano, com uma média anual de mais de 8 000 casos, 500 dos quais resultam em incapacidade permanente[15].

Na **Argélia**, infelizmente, não dispomos de estatísticas sobre este tipo de atividade. tipos de acidentes.

# CONCLUSÃO

O nosso trabalho permitiu-nos, em primeiro lugar, conhecer a fundo os equipamentos de movimentação e empilhamento e os seus diferentes tipos e capacidades. Em segundo lugar, dominámos alguns aspectos dos empilhadores, incluindo os seus componentes, os princípios de funcionamento, o efeito do ambiente externo (riscos e acidentes associados à utilização destes equipamentos) e as normas aplicáveis para satisfazer determinadas condições.

## BIBIOGRÁFICO

[1] https://www.techniques-ingenieur.fr/base

[2] "le guide de la manutention industriel ", Daniel ISOLA édition Entreprise moderne paris 2003 P 56

[3] Guia do transporte internacional de mercadorias, Kamel chaibi

[4] Jean Pierre, CITEAU, Gestion des ressources humaines, 4ª edição, Dalloz, Paris, 2002, P189

[5] Claude, PIGANIOL, Techniques et politiques d'améliorations des conditions de travail, Entreprise moderne, Paris, 1980, P XVIII (p48)

[6] Ecole Supérieure des Transports, tese de graduação, handling: O desenvolvimento do handling, MEMÓRIA apresentada por ALEXANDRA MERTER, sob a direção de Eliane CHACHA, 33ª Classe - 2007

[7] a logística dos terminais portuários de movimentação de contentores [JULIEN DUBREUIL agosto 2008 CIRRELT

[8] Tese, técnicas avançadas de movimentação para o  desenvolvimento de problemas de armazenagem de contentores num porto, Imed ZEMOURI (p 36-52)

[9] Loraine JUNEI " STUDY OF MEANS OF HANDLING ", tese de mestrado académico Universidade PARIS EST CRETEIL ,01 JUILET 2017.

[10] NORMA INTERNACIONAL **ISO 5053-1Segunda** edição2015-11-01Documentação do gabinete de estudos **ALEMÃO**.

[11] O guia de conceção para a documentação de um empilhador do gabinete de desenvolvimento **ALEMÃO.**

[12] **BEDJAMAA ABDELAH** estudo temático e melhoria delarouedentée de um empilhador elétrico c118 Institut National Spécialisé en Formation Professionnelle EL-KHROUB- CONSTANTINE em 2016.

[13] Relatório da primeira fase do projeto **R'BIGUI Hind:** Conformidade regulamentar e otimização técnico-económica dos carros de corrida de Super Cérame- Kénitra, Escola Nacional de Ciências Aplicadas SIDI MOUHAME BEN ABDELAH MAROQUE Maroc em 2013.

[14] http://methode-apte.fr/les-outils/

[15] http://www.inrs.fr/risques.html.

[16] documentação da gama de maquinagens Escritório de vendas **na ALEMANHA.**

[17] Documentação de escritório do método.

[18] **GUENICHE Ismail** Chefe do Gabinete de Formação **ALEMÃO.**

[19] Artigo Dimensões do posto de condução M.TISSERAND ISTITUT NATIONAL DE RECHERCHE ET DE SECURITE paris.

Printed by Books on Demand GmbH, Norderstedt / Germany